科学探秘

培养儿童科学基础素养

了解惯性

是惯性，抓住它

温会会 / 文　曾平 / 绘

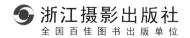

浙江摄影出版社

全国百佳图书出版单位

从前，有一位任性的小王子。
他喜欢按照自己的想法，提出荒唐的要求。
"我要吃天上的星星！"
"让我住到鲨鱼的肚子里去！"

2

有一天，小王子来到游乐场玩耍。

瞧！他愉快地荡起了秋千，就像一只小鸟。

"呜呜呜……"
突然，游乐场里传来了小王子的哭声。
哎呀！小王子的脑袋撞到秋千啦！

"谁让秋千来撞我的？大坏蛋，快出来！"小王子回头看了看，却发现四周根本没有人。

　　这时，有大臣告诉小王子："这个大坏蛋的名字叫惯性。"

　　在小王子疑惑的眼神中，大臣一边比画一边解释："当我们荡秋千时，秋千会前后晃动。就算我们中途从秋千上跳下来，秋千还是会继续晃动，这就是惯性。"

　　小王子气鼓鼓地问："因为物体有惯性，所以秋千在继续晃动时撞到了我的脑袋？"

　　大臣点点头说："正是如此！"

小王子一听，气呼呼地说："惯性是个很危险的家伙！把惯性给我抓起来，关到大牢里去！"

　　大臣挠挠头说："小王子，惯性看不见也摸不着，根本抓不着呀！"

　　小王子跺着脚喊："那就把有惯性的物体统统抓起来，送进大牢！"

于是，士兵们分头行动起来。
秋千一推，就会晃动很久。"是惯性，抓住它！"
皮球一踢，就会滚很久。"是惯性，抓住它！"
地球仪一转，就会转很久。"是惯性，抓住它！"

　　于是，秋千、皮球、地球仪都被士兵们送进了大牢。

　　从此，生活在王国里的子民们，不能荡秋千，不能踢皮球，也没办法摆弄地球仪了。

小王子去坐小火车。谁知，就在小火车启动时，小王子猛地向后摔倒了。

　　"谁让我摔倒的？大坏蛋，快出来！"

　　这时，大臣告诉小王子："这个大坏蛋，依然是惯性。"

在小王子疑惑的眼神中，大臣一边比画一边解释："当小火车向前移动时，由于惯性，我们的身体还想保持原来的静止状态，所以会向后倒。"

小王子握着拳头问："总想保持静止的状态也是惯性？"

大臣点点头说："正是如此！"

　　小王子一听，气呼呼地说："听我的命令，把总想保持静止状态的东西也给我抓起来，关到大牢里去！"

顿时，王国里充斥着此起彼伏的喊声："是惯性，抓住它！"

不一会儿，一大批"罪犯"被逮捕了。

哎呀！几乎所有的物体都要被送进大牢里。

第二天，小王子又来到游乐场玩耍。
他惊讶地发现，游乐场里空荡荡的，什么也没有了。

　　"咦，秋千呢？滑梯呢？跷跷板呢？"
小王子问。
　　"小王子，游乐设施都有惯性，全被送
进大牢了。"大臣说。

小王子皱着眉头说：“天哪，有惯性的东西这么多啊！”

随即，他嘟着嘴说：“我改变主意了，快把有惯性的东西从大牢里放出来吧！”

就这样，王国终于恢复了
原来的模样。看，小王子笑得
多么开心！

责任编辑　陈　一
文字编辑　徐　伟
责任校对　朱晓波
责任印制　汪立峰

项目设计　北视国

图书在版编目（ＣＩＰ）数据

了解惯性：是惯性，抓住它 / 温会会文；曾平绘
. -- 杭州 ： 浙江摄影出版社，2022.8
（科学探秘·培养儿童科学基础素养）
ISBN 978-7-5514-4045-5

Ⅰ．①了… Ⅱ．①温… ②曾… Ⅲ．①惯量－儿童读
物 Ⅳ．① O313.3-49

中国版本图书馆 CIP 数据核字（2022）第 126543 号

LIAOJIE GUANXING : SHI GUANXING ZHUAZHU TA

了解惯性：是惯性，抓住它

（科学探秘·培养儿童科学基础素养）

温会会 / 文　曾平 / 绘

全国百佳图书出版单位
浙江摄影出版社出版发行
　　地址：杭州市体育场路 347 号
　　邮编：310006
　　电话：0571-85151082
　　网址：www.photo.zjcb.com
制版：北京北视国文化传媒有限公司
印刷：唐山富达印务有限公司
开本：889mm×1194mm　1/16
印张：2
2022 年 8 月第 1 版　　2022 年 8 月第 1 次印刷
ISBN 978-7-5514-4045-5
定价：39.80 元